Bibliografische Information der Deutschen Nationalbibliothek:

Die Deutsche Bibliothek verzeichnet diese Publikation in der Deutschen National-
bibliografie; detaillierte bibliografische Daten sind im Internet über http://dnb.d-
nb.de/ abrufbar.

Impressum:

Copyright © 1999 GRIN Verlag, Open Publishing GmbH
Druck und Bindung: Books on Demand GmbH, Norderstedt Germany
ISBN: 9783638640640

Dieses Buch bei GRIN:

http://www.grin.com/de/e-book/8724/biostatistik-und-grundlagen-der-beprobung

Christian Germer

Biostatistik und Grundlagen der Beprobung

GRIN Verlag

GRIN - Your knowledge has value

Der GRIN Verlag publiziert seit 1998 wissenschaftliche Arbeiten von Studenten, Hochschullehrern und anderen Akademikern als eBook und gedrucktes Buch. Die Verlagswebsite www.grin.com ist die ideale Plattform zur Veröffentlichung von Hausarbeiten, Abschlussarbeiten, wissenschaftlichen Aufsätzen, Dissertationen und Fachbüchern.

Besuchen Sie uns im Internet:

http://www.grin.com/

http://www.facebook.com/grincom

http://www.twitter.com/grin_com

Biostatistik und Grundlagen der Beprobung

(10 Abbildungen, 15 Tabellen und 46 Formeln)

von

Christian Germer

ABBILDUNGSVERZEICHNIS

TABELLENVERZEICHNIS

INHALTSVERZEICHNIS

A Einleitung

Für eine wissenschaftliche Arbeit ist die Kenntnis der zu behandelnden Thematik wichtig; jedoch kann sie nicht ohne genaue Planung (Zieldefinition, Fragestellung, Hypothese etc) durchgeführt werden. Eine zentrale Stellung wird von der Statistik eingenommen, erlaubt sie doch Versuche ökonomisch zu planen und repräsentative Ergebnisse zu liefern. Daher sollen diese beiden Punkte in der vorliegenden Arbeit ausführlicher dargestellt werden.

Im zweiten Teil werden grundlegende statistische Formeln vorgestellt, die für weitere Vorstellungen wichtig sind. Es wird dann nicht mehr explizit auf die vorgestellten Formeln hingewiesen, sondern nur noch die Symbolschreibweise (z.B. $\bar{x}$ für Mittelwert) verwendet. In der Tabellendarstellung wurde so verfahren, dass bei berechneten Daten die Spaltenüberschriften kursiv dargestellt sind; vorgegebene Werte bleiben in Normalschrift. Im dritten Abschnitt werden statistische Methoden zur Erfassung und Beurteilung biologischer Proben vorgestellt. Dort werden dann die für den jeweiligen Teilbereich wichtigen Grundlagen und Formeln aufgeführt.

B Statistische Grundlagen

Der empirische Mittelwert (1) gibt den durchschnittlichen Wert $\bar{x}$ einer n Elemente umfassenden Stichprobe an. Die Daten sollten angenähert symmetrisch und nicht zu heterogen sein. Sind die Daten nicht normalverteilt, so verwendet man besser den Median zur Mittelwertberechnung (Sachs 1997).

$$\bar{x} = \frac{1}{n} \sum_{i=1}^{n} x_i \tag{1}$$

Die empirische Standardabweichung s (2) ist die Wurzel aus dem Mittelwert der quadrierten Abweichungen und kann als Streuungswert um den Mittelpunkt oder Standardfehler des Einzelwertes aufgefasst werden. Aus s wird durch Quadrierung die empirische Varianz, die den Erwartungswert für die quadrierte Abweichung ergibt (Sachs 1997).

$$s = \sqrt{\frac{1}{n-1} \sum_{i=1}^{n} (x_i - \bar{x})^2} \tag{2}$$

Der Variationskoeffizient $C.V.$ (4) dient dem Vergleich von Stichproben eines Grundgesamtheitstyps. Maximal kann $C.V.$ Werte bis $\sqrt{n}$ annehmen. Daher verwendet man auch gern den relativen *C.V.*, wobei folgende Formel durch $\sqrt{n}$ dividiert wird. Bei nicht zu kleinen normalverteilten Stichproben dürfte *C.V.* nicht größer 0,33 sein (Sachs 1997).

$$C.V. = \frac{s}{\bar{x}} \tag{4}$$

Der Standardfehler des Mittelwertes *S.E.* (5) ist als Fehler der Mittelwerte aufzufassen. Die Güte einer Messung wird als $\bar{x} \pm S.E.$ angegeben (Sachs 1997).

$$S.E. = \frac{s}{\sqrt{n}} \tag{5}$$

Der Vertrauensbereich *L* (6) gibt ein aus Stichproben berechnetes Intervall an, das den wahren Wert durch eine Schätzung überdeckt. Als Vertrauenswahrscheinlichkeit wird meist ein Wert von 95% angenommen; d.h., dass 95% der Werte in den Bereich $\bar{x} \pm L$ liegen. $t_{(n-1)}$ ist für $n>14 \approx 2$ (Student´sche t-Verteilung) (Sachs 1997).

$$L = \pm\, t_{(n-1)} \frac{s}{\sqrt{n}} \tag{6}$$

Oft werden Zusammenhänge aufgrund nicht linearer Zusammenhänge von uns nicht klar erkannt. Eine Linearisierung, z.B. durch Logarithmierung oder Auftragen von f(x+1) gegen f(x), macht das Problem anschaulicher. Aus einer (linearen) Regression lassen sich schließlich die einzelnen Parameter der ehemaligen Kurven ermitteln. Die folgenden drei Formeln dienen nur der Veranschaulichung dessen, was der Taschenrechner für uns auf Tastendruck liefert.

Der Y-Achsenschnittpunkt wird durch den Parameter *a* (7a) angegeben. Die Steigung der Geraden ist durch b (7b) ausgedrückt und die Korrelation zwischen X- und Y-Werten spiegelt der Korrelationskoeffizient r² (7c) wider.

$$a = \frac{\sum y - b \sum x}{n} \tag{7a}$$

$$b = \frac{n\sum xy - \sum x \pm \sum y}{n\sum x^2 - \left(\sum x\right)^2} \tag{7b}$$

$$r^2 = \left(\frac{n\sum xy - \sum x \times \sum y}{\left[\left\{n\sum x^2 - \left(\sum x\right)^2\right\} \times \left\{n\sum y^2 - \left(\sum y\right)^2\right\}\right]^{0,5}} \right)^2 \tag{7c}$$

1   Größenverteilung

Anhand einer Stichprobe aus der Bevölkerung (Kursteilnehmer, Tabelle B.1) soll eine sinnvolle Einteilung der Körpergrößen in Größenklassen vorgenommen werden, sodass der statistische Fehler am geringsten ist. Die so konvertierten Daten sollen in ein Histogramm übertragen und eine berechnete Häufigkeitsverteilung (Normalverteilung) darübergelegt werden.

Tabelle B.1: Größe und Gewicht der Kursteilnehmer.

Nr	Größe [cm]	ln(Größe)	Gewicht [kg]	ln(Gewicht)	Nr	Größe [cm]	ln(Größe)	Gewicht [kg]	ln(Gewicht)
1	178	5,182	82	4,407	10	172	5,147	74	4,304
2	179	5,187	75	4,317	11	168	5,124	50	3,912
3	160	5,075	47	3,850	12	174	5,159	76	4,331
4	172	5,147	58	4,060	13	163	5,094	52	3,951
5	183	5,209	60	4,094	14	163	5,094	54	3,989
6	195	5,273	83	4,419	15	194	5,268	85	4,443
7	169	5,130	68	4,220	16	188	5,236	71	4,263
8	178	5,182	67	4,205	17	182	5,204	64	4,159
9	172	5,147	65	4,174	18	184	5,215	86	4,454

Die Häufigkeitsverteilung berechnet sich nach der theoretischen Häufigkeit F_C (8), die aus der in Abbildung E.1 (Seite 21)dargestellte Kurve der ermittelten Werte (Tabelle B.2) resultiert.

$$F_C = \frac{n \, \Delta L}{s\sqrt{2\pi}} e^{-\frac{(x_i - \bar{x})^2}{2s^2}} \tag{8}$$

Tabelle B.2: Rohdaten zu Klassen geordnet und berechnete Parameter der Verteilung.
F Häufigkeit, L Mittlere Größe der Klasse (untere Grenze), F_C Theoretische Häufigkeit

Klasse- [cm]	F_i	L_i [cm]	F_i*L_i	$F_i(L_i-\bar{L})^2$	F_C
160	3	162,5	487,5	533,33	1,418
165	2	167,5	335,0	138,89	2,569
170	4	172,5	690,0	44,44	3,538
175	3	177,5	532,5	8,33	3,703
180	3	182,5	547,5	133,33	2,947
185	1	187,5	187,5	136,11	1,783
190	2	192,5	385,0	555,56	0,820
Σ	18	1242,5	3165,0	1550,00	

Mittlere Länge $\bar{x}$	: 175,8 = 3165,0/18
Varianz s^2	: 91,2 = 1550,00/17
Standardabweichung s	: 9,6 = 91,18$^{1/2}$
Variationskoeffizient C.V.	: 5,4% = 9,6/175,8
Standardfehler S.E.	: 2,3 = 9,6/n$^{1/2}$
Vertrauensbereich C.I.	: ±4,5 (95%)

Tabelle B.3: Vergleich der Ergebnisse unter Benutzung verschiedener Größenklassen.
OD. Originaldaten, 2/5/6cm ΔL der Größenklassen

	O.D.	4 cm	5 cm	6 cm
$\bar{x}$ [cm]	176,3	176,3	175,8	177,3
s [cm]	10,2	10,0	9,6	9,5
C.V. [%]	5,8	5,6	5,4	5,3
S.E.	2,4	2,3	2,3	2,2
C.I. (95%)	±5,1	±4,7	±4,5	±4,7

Bezüglich der Vertrauensintervalle kann gesagt werden, dass die Einordnung der Körpergrößen in 5cm Intervalle am günstigsten ist (Tabelle B.3). Für diese Klasse liegen 95% der Personen nach Gl. 6 in einem Größenintervall von 175,8 ± 2,3 cm. In diesem Versuch wurden beide Geschlechter nicht getrennt behandelt, was einer repräsentativen Aussage für die Gesamtbevölkerung, abgesehen vom zu geringen Probenumfang, nicht zutrefflich wäre.

2 Längen-Gewicht-Relation

Hinter der Relation zwischen Körpergewicht W und Körpergröße G steckt eine Potenzfunktion, die sich durch Logarithmierung in eine Geradengleichung umwandeln lässt.

$$W = aL^b \qquad \textbf{(9a)} \qquad \ln W = \ln a + b \ln L \qquad \textbf{(9b)}$$

Das Gewicht aus Tabelle B.1 soll gegen die Körpergröße aufgetragen werden, um dann aus Gleichung 9b die Parameter der Potenzfunktion zu bestimmen. Die Werte werden zur Berechnung der Gewichts-Größen-Kurve (Abbildung E.2, Seite 21) gebraucht.

C Beprobung und Energiefluss

1 Berechnung der benötigten Probenzahl für ein homogenes Gebiet

In einem Vorversuch wurden im Versuchsgebiet Muscheln gesammelt, wobei sich ein Mittelwert $\bar{x}$ von 244,2 und eine Standardabweichung s von 79,16 ergab. Nach (Gl. 6) ergibt sich daher ein Vertrauensbereich von 244,2±50. D.h., dass der Fehler bei 50*100%/244,2 = 20,5% für 10 Proben liegt. Um die Anzahl der benötigten Proben für einen Fehler von z.B. 10% zu erhalten, muss Gl. 6 nach n umgestellt werden (10). Tabelle C.1 und Abbildung E.3 (Seite 22) zeigen die Abhängigkeit des Fehlers von der Probenzahl.

Tabelle C.1: Benötigte Anzahl von Proben bei gefragten Fehler.

Fehler [%]	Probenzahl
5	168,0
10	42,0
15	18,7
20	10,5
25	6,7
30	4,7

$$n = \left(\frac{t_{(n-1)}s}{L \times 10\%} \right)^2 \qquad \textbf{(10)}$$

Obwohl die Berechnung auf den ersten Blick aufgrund der Einfachheit elegant erscheint, ist sie nicht ganz ungefährlich. Wenn die Probennahme der Vorversuche kein repräsentatives Ergebnis darstellt, können die berechneten Probenzahlen kein zuverlässiges Ergebnis liefern.

2 Probennahme in einem heterogenen Gebiet

Von einer Krabbenart soll die Abundanz in einem bestimmten Gebiet ermittelt werden. Voruntersuchungen haben gezeigt, dass drei unterschiedliche Böden mit verschiedenen Abundanzen der Tiere vorkommen (Tabelle C.2). Die angestrebte Probenzahl (100) muss daher so auf die Gebiete verteilt werden, dass eine repräsentative Aussage über die Abundanz im Untersuchungsgebiet möglich ist.

Tabelle C.2: Abundanz und berechnete Probenzahl.

	Hartboden	Seegras	Weichboden
Ausdehnung N_i	120	210	500
Dichte x	15	8	4
s_i	8	3	1,5
C.V. [%]	53	37	37
Berechnete Probenzahl	41	27	32

Die Formel von Neymann (11) liefert bei gegebener Probenzahl p das gewünschte Ergebnis. Parameter mit dem Index i beschreiben das interessierende Gebiet; im Nenner findet sich die Summe aller Gebiete.

$$n(i) = \frac{p \times N_i \times s_i}{\sum_{j=1}^{n}(N_j \times s_j)} \tag{11}$$

Obwohl der Hartboden die meisten Krabben auf dem kleinsten Areal beherbergt, muss die Probenzahl aufgrund der hohen Varianz am höchsten sein. Man könnte die ermittelten Ergebnisse sicherlich auch auf eine Kosten/ Nutzen-Rechnung übertragen.

3 Energiefluss

1931 konnte Russel ein einfaches Modell (12) aufstellen, welches mit lediglich vier Parametern den Energie- oder Biomassenfluss beschreibt. Die Biomasse der Population im zweiten Jahr (P2) ist gleich der Biomasse des vorgehenden Jahres, vergrößert um Wachstum (G) und Rekrutierung (R). Abgezogen wird die Mortalität (M) und die Fischereisterblichkeit (F).

$$P2 = P1 + (G + R) - (M + F) \tag{12}$$

3.1   Wachstum

Wachstum wird als Änderung (Zu-/Abnahme) eines Parameters (z.B. Biomasse, Länge) mit der Zeit ausgedrückt. Wachstum ist i.d.R. immer positiv, von wenige Ausnahmen abgesehen (Wasserverlust im Alter, Carapax beim Krebs). Prinzipiell gibt es drei Methoden der Wachstumsbestimmung, die sich nach Aufwand und Anwendungsspektrum unterscheiden.

1) Direkte Messung markierter Tiere

2) Hartstrukturen in Bezug zur Länge (z.B. Otolithen, Schuppen, Knochen)

3) Längen-Frequenz-Methoden. Sie werden häufig in den Tropen eingesetzt, da Otolithenlesungen schwer sind und die Technik teuer ist.

Für die Besprechung der Modelle ist die Kenntnis der Bertalanffy-Gleichung notwendig, die daher an dieser Stelle vorgestellt wird.

1934 hat van Bertalanffy (VB) erkannt, dass die Gewichtszunahme mit der Zeit ein Prozess des Auf- und Abbaus ist (Gl. 13).

$$\frac{dW}{dt} = HW^d - KW \qquad\qquad (13)$$

H Koeffizient des Anabolismus

W Gewicht

d Repräsentiert Oberflächen/Volumen Verhältnis (i.d.R. d<1)

K Koeffizient des Katabolismus

Die Wachstumsgleichung von VB (14) gibt die Länge eines Tieres für den Zeitpunkt t an, wobei L_∞ die maximale Körperlänge und t_0 den Zeitpunkt der theoretischen Länge Null beschreibt. K ist der *curving factor*.

$$L_t = L_\infty (1 - e^{-k(t-t_0)}) \qquad\qquad (14)$$

Je geringer k, desto flacher (weniger steiles Wachstum) ist die Kurve. Die Funktion ist nicht gültig für kleine t, da dort, bedingt durch geringe Abmessungen, oft lineares oder exponentielles Wachstum auftritt. Dies ist z.B. bei Fischlarven der Fall.

3.1.1   Ford-Walford-Plot

Eine einfache Möglichkeit die Maximallänge zu bestimmen, liegt in der linearen Auftragung nach Ford-Walford (Gl. 15). Das L_∞ ergibt sich aus dem Schnittpunkt der sich ergebenen Geraden und der Winkelhalbierenden (Abbildung E.4, Seite 22).

$$\underbrace{L_{t+1}}_{y} = a + b\underbrace{L_t}_{x} \tag{15}$$

Rechnerisch wird die Maximallänge aus dem Quotienten von a und 1-b berechnet, wobei die Werte aus der linearen Regression L_{t+1} gegen L_t stammen (Tabelle C.3). Das individuelle Alter bei Länge 0 (t_0) ergibt sich nach Gl. 16. Das durchschnittliche t_0 ergibt sich entsprechend aus dem Mittelwert aller t_0.

$$t_0 = t + \frac{1}{k}\ln(1 - \frac{L}{L_\infty}) \tag{16}$$

Für die Funktion gibt es zwei Einschränkungen. Zum einen wird der Datenbestand durch die Linearisierung reduziert, zum anderen müssen die Messzeitpunkte äquidistant sein.

Tabelle C.3: Datenbeispiel für den Ford-Walford-Plot (L_t, L_{t+1}) und errechnetes Anfangsalter.

Alter [Jahre]	Länge [cm] L_t	L_{t+1}	t_0 [Jahre]
1	35	55	-0,375
2	55	75	-0,313
3	75	90	-0,407
4	90	105	-0,368
5	105	115	-0,493
6	115		-0,366

Korrelationskoeffizient r^2 : 1 (n=5)

Achsenabschnitt a   : 26,17

Steigung b   : 0,86

curving factor k   : 0,15 = -ln(b)

Maximallänge L_∞ : 185,29 = a/(1-b)

Anfangsalter t_0 : -0,387±0,055

3.1.2   Gulland-Holt-Plot

Dieser Plot (Gl. 17) eignet sich gut für Markierungsarbeiten im Freiland, da die Messzeitpunkte nicht äquidistant sein müssen. Allerdings wird zum einen kein t_0 geliefert, und zum anderen muss jede Größenklasse erfasst werden. Die Werte für x und y (Tabelle C.4,

Gl. 17) werden linear regressiert.L1/L2 bzw. t1/t2 sind die Längen bzw. Zeitpunkte bei Markierung/Wiederfang.

$$\underbrace{\frac{L_2 - L_1}{t_2 - t_1}}_{y} = a - k \underbrace{\left(\frac{L_1 + L_2}{2}\right)}_{x} \tag{17}$$

Tabelle C.4: Datenbeispiel für Gulland-Holt-Plot
(s.a. Abbildung E.5, Seite 23).

Nr	t	y	x	L₁	L₂		Nr	t	y	x	L₁	L₂
1	62	0,306	52,5	43	62		9	74	0,122	69,5	65	74
2	71	0,042	69,5	68	71		10	78	0,590	55	32	78
3	55	0,473	42	29	55		11	70	0,314	59	48	70
4	38	0,184	35,5	31	38		12	64	0,172	58,5	53	64
5	54	0,019	53,5	53	54		13	65	0,123	61	57	65
6	64	0,141	59,5	55	64		14	82	0,280	70,5	59	82
7	80	0,275	69	58	80		15	83	0,217	74	65	83
8	62	0,048	60,5	59	62							

Korrelationskoeffizient r^2 : 0,075

Achsenabschnitt a : 0,462

Steigung b : -0,004

curving factor k : 0,004 = -b

Maximallänge L_∞ : 113,51 = a/k

3.1.3 van Bertalanffy-Plot

Um die Gleichung von Bertalanffy (Gl. 14) zu linearisieren, muss diese logarithmiert werden.

$$\underbrace{-\ln\left(1 - \frac{L_t}{L_\infty}\right)}_{y} = \underbrace{-kt_0}_{a} + \underbrace{kt}_{bx} \tag{18}$$

Die Maximallänge (L_∞) muss bekannt sein, um mit dieser Formel arbeiten zu können. Sie kann entweder schon aus einem anderen Verfahren bekannt sein, oder nach Gl. 19 geschätzt werden. Anschließend werden k und t_0 nach Gl. 18 mehrmals unter variierbaren L_∞ bestimmt, bzw. t_0 graphisch an der Abzisse abgelesen. Eine gute Näherung für die Maximallänge ist dann erreicht, wenn der Korrelationskoeffizient r^2 für Gl. 18 maximal ist. Trägt man also r^2 gegen L_∞ auf, so ergibt sich eine Glockenkurve, deren Maximum die beste Anpassung an L_∞ darstellt.

$$L_\infty = \frac{L_{Max}}{0,95} \tag{19}$$

Tabelle C.5: Datenbeispiel für den Bertalanffy-Plot
(s.a. Abbildung E.6, Seite 23).

L_t [cm]	t=x [Jahre]	L_∞ [cm]		
		185,6	186,1	186,6
35	1	0,209	0,208	0,208
55	2	0,351	0,350	0,349
75	3	0,518	0,516	0,514
90	4	0,663	0,661	0,658
105	5	0,834	0,831	0,827
115	6	0,967	0,962	0,958
	r^2 [%]	99,9159	99,9153	99,9146
	k	0,154	0,995	0,995
	t_0	-0,339	-0,053	-0,053

Anhand des hier aufgeführten r^2 bei variierten L_∞ kann man sehen, dass der aus dem Ford-Walford-Plot (siehe C3.1.1, Seite 7) stammende Wert für die Maximallänge sehr gut ist.

3.1.4   Munrow-Plot

Diese 1982 aufgestellt Formel (Gl. 20) liefert schon bei einem Individuum k-Werte und benötigt auch keine äquidistanten Daten. L_1/L_2 bzw. t_1/t_2 ist die Länge bzw. Zeit bei Markierung/Wiederfang.

$$\ln(L_\infty - L_1) - \ln(L_\infty - L_2) = k(t_2 - t_1) \tag{20}$$

Tabelle C.6: Datenbeispiel für Munrow-Plot
(Pilgermuschel, n =122,03).

Nr	t	L_1	L_2	k
1	97	43	62	0,00283
2	15	68	71	0,00381
3	84	29	55	0,00390
4	22	31	38	0,00364
5	21	53	54	0,00069

Tabelle C.7: Ermittelte k±s Werte für die Pilgermuschel bei unterschiedlichen n.

	d^{-1}	a^{-1}	n	C.V. [%]
$\bar{k}$	0,00298	1,08605	5	40,361
s	0,00120	0,43834		
$\bar{k}$	0,00355	1,29415	4	11,88
s	0,00042	0,15374		

Wird hier wie schon bei Bertalanffy beschrieben, die Maximallänge variiert, so wird das Vertrauensintervall um k kleiner.

3.1.5   Wachstumsindex

Der Wachstumsindex G.I. (21) nach Pauly ermöglicht einen direkten Artenvergleich. Trägt man den G.I. z.B. gegen die Temperatur unterschiedlicher Arten einer Gattung aus

verschiedenen Meeren auf, so kann man die Arten in Abhängigkeit der Temperatur
miteinander vergleichen.

$$G.I. = \log k + 2\log L_\infty \tag{21}$$

3.2 Sterblichkeit

Sterblichkeit beschreibt die Abnahme der Populationsdichte in Abhängigkeit der Zeit und
kann als negativ exponentiell (Gl. 22) angesehen werden (N gegen t). Sie wird durch
Nahrungsangebot, abiotische Faktoren (Temperatur, O_2, Salinität etc.) und Fraßdruck
beeinflusst. Die abiotischen Faktoren sind für marine Habitate vernachlässigbar, sind jedoch
für Aquakulturen und Süßwasser wichtig. Den höchsten Einfluss mit wenigstens 95% Anteil
hat der Fraßdruck.

$$N_t = N_0 \times e^{-(M+F)t} \tag{22}$$

Die Individuenzahl N_t zum Zeitpunkt t ergibt sich aus der anfänglichen Anzahl N_0, der
natürlichen Sterblichkeit M und der Fischereisterblichkeit F. Die Summe $F+M$ wird als
Gesamtsterblichkeit Z bezeichnet. Gleichung 23 beschreibt die Anzahl gestorbener
Individuen.

$$S_t = N_0(1 - e^{-Zt}) \tag{23}$$

3.2.1 Bestimmung der Gesamtsterblichkeit Z

3.2.1.1 Empirische Bestimmung nach Hoenig 1984

$$\ln Z = 1{,}44 - 0{,}984\ln t_{Max} \tag{24}$$

3.2.1.2 Mittlere Länge im Fang

Trägt man die Wahrscheinlichkeit des Fanges gegen die Länge auf, so ergibt sich ein
sigmoider Verlauf, bei dem L' die kleinste Länge angibt, die zu 100% gefangen wird. So kann
man nach Gl. 25 mit dem *curving factor k*, der mittleren Länge $\overline{L}$ und der Maximallänge die
Gesamtsterblichkeit berechnen.

$$Z = \frac{k(L_\infty - \overline{L})}{\overline{L} - L'} \tag{25}$$

3.2.1.3 Fangkurve

Dies ist die wichtigste Methode. Für eine exakte Bestimmung muss das Alter der Fische
bekannt sein (z.B. aus Otholithenlesungen) und man muss mehrere Proben haben. Je weniger

Altersgruppen eine Art besitzt, desto mehr Proben müssen pro Zeit genommen werden. Die Formel leitet sich nach Gl. 22 ab.

$$\underbrace{lnN_t}_{y} = \underbrace{\ln N_0}_{a} - \underbrace{Zt}_{bx} \tag{26}$$

Trägt man die Daten entsprechen Gl. 26 ab, so ergibt sich eine Gerade, deren negative Steigung Z entspricht. Zudem findet sich noch ein aufsteigender Ast bei kleinem t, der nicht quantitativ erfasste Fische anzeigt.

3.2.2 Bestimmung der natürlichen Mortalität und Fischereisterblichkeit

3.2.2.1 Effizienz und Fischereiaufwand

Die Fischereisterblichkeit F setzt sich aus dem Produkt des Fangkoeffizienten q (0..1), der die Effizienz kennzeichnet und dem fischereilichen Aufwand f (Boote, Stunden, PS etc) zusammen. Daraus folgt, dass die Gesamtsterblichkeit Z sich wie folgt ausdrückt.

$$\underbrace{Z}_{y} = \underbrace{M}_{a} + \underbrace{qf}_{bx} \tag{27}$$

Die Effizienz ist nicht konstant. Sie hängt von vielen Faktoren ab, wie z.B. Erfahrung, Material, Jahreszeit etc. In der Praxis ist dieses (theoretische) Modell praktisch nicht einsetzbar.

3.2.2.2 Empirische Beziehung nach Pauly (1979)

Pauly berechnete mit vielen Datensätzen bei einem r^2 von 0,8 M nach folgender Formel. T gibt dabei die mittlere Jahrestemperatur an.

$$\log M = -0,0066 - 0,279 \log L_\infty \times 0,6543 \log k + 0,4634 \log T \tag{28}$$

3.2.2.3 Alter bei Geschlechtsreife (Rikther & Evanov 1976)

Diese beiden Autoren konnten einen Zusammenhang zwischen der natürlichen Mortalität und dem mittleren Alter bei Geschlechtsreife T_{M50} empirisch belegen.

$$M = \frac{1,521}{T_{M50}^{0,72}} - 0,155 \tag{29}$$

3.2.2.4 Ausbeutungsrate

Generell wird die natürliche Sterblichkeit bei Schwarmfischen wegen deren Lebensweise überschätzt. Daher wird M um 20% vermindert. Sind von der Gleichung 27 ($Z = M+F$) zwei

Parameter bekannt, ergibt sich der dritte automatisch und man kann die Ausbeutungsrate E bestimmen.

$$E = \frac{F}{Z} \qquad (30)$$

Früher ging man von einem optimalen E um 0,5 aus, heute sollte es zwischen 0,3 und 0,4 liegen. F sollte aus ökologischen Gründen kleiner M sein. Ist die berechnete Ausbeutungsrate E größer E_{Opt}, so ist der Bestand überfischt.

3.3 Rekrutierung

Das Nahrungspotential wird durch hohe Zahl der Nachkommenschaft aufgefüllt. D.h., dass die Adulten indirekt die Primärproduktion durch Fressen der Jungtiere nutzen können. Der point of no return beschreibt bei Fischlarven den Zeitpunkt nach Aufbrauchen des Dottersacks, ab dem keine Nahrungsaufnahme infolge eines nicht funktionierenden Magen-Darm-Trakts mehr stattfinden kann.

Sissenwine konnte über Untersuchen (ca. 25 Jahre) zeigen, dass die Rekrutierung von Jahr zu Jahr schwankt und nicht normalverteilt ist. Dies führt zur Unvorhersagbarkeit der Rekrutierung. Sissenwine machte darauf aufmerksam, dass man die Korrelation zwischen Umweltfaktoren und Rekrutierung sowie zwischen Rekruten und Pre-Rekruten prüfen sollte. Zudem klärt sich das Bild, wenn man sich das große Nahrungsnetz ansieht. Dann fällt auf, dass es zu Nahrungskonkurrenzen und somit zur Verschiebung des Artenspektrums kommt; die Biomasse bleibt jedoch als Ganzes relativ konstant, was bei Beobachtung nur einer Art nicht auffällt.

3.3.1 Ricker-Modell (1954)

Ricker stellte 1954 eine Beziehung zwischen Elterndichte und Rekrutenzahl auf (Gl. 31). Dabei stellt u die nichtkompensatorischen Sterblichkeit (Umweltstörungen) und v die kompensatorische Sterblichkeit (dichteabhängige Regulation durch Parentalgeneration) dar. R und P sind die Anzahl der Rekruten und Eltern.

Tabelle C.8 enthält das Beispiel des peruanischen Seehechts. In aufeinanderfolgenden Jahren wurde drei- bis achtjährige Parentalgenerationen und zweijährige Rekruten gefangen. Gl. 31 wurde zu Gl. 32 linearisiert, um die in Abbildung E.7 (Seite 24) dargestellte Formel nach Gleichung 31 berechnen zu können.

Tabelle C.8: Peruanischer Seehecht.

Jahr	P(3-8a)	R(2a)	ln(R/P)	Jahr	P(3-8a)	R(2a)	ln(R/P)
1971	143	117	-0,201	1977	453	101	-1,501
1972	239	115	-0,732	1978	472	65	-1,983
1973	302	129	-0,851	1979	263	53	-1,602
1974	259	274	0,056	1980	240	59	-1,403
1975	239	162	-0,389	1981	133		
1976	251	149	-0,522	1982	71		

$$R = uPe^{-vP} \qquad (31)$$

$$\underbrace{\ln \frac{R}{P}}_{y} = \underbrace{\ln u}_{a} - \underbrace{vP}_{bx} \qquad (32)$$

r^2 : 0,493

a   : 1,537

b   : -0,005

Die Kurve nimmt ab einer bestimmten Stelle wieder ab, da dort die kompensatorische Sterblichkeit (Selbst- oder Dichteregulation) der Eltern greift. Die replacement line (Abbildung E.7, Seite 24) zeigt die Anzahl der zu produzierenden Rekruten an, damit sich der Elternbestand P hält. Links vom Schnittpunkt mit der Kurve wird ein Überschuss produziert, maximal bis die Kapazität des Lebensraumes erreicht ist (Schnittpunkt). Dann greift die Selbstregulation der Eltern, indem weniger Nachkommen produziert werden. In der Abbildung sind P-Werte über 300 aufgrund der Verwendung der Einkelhalbierenden (replacement line) nicht dargestellt, sodass die Dichteregulation nicht so stark sichtbar ist.

3.3.2   Beverton-Holt-Modell (1957)

Dies ist ein wenig anerkanntes und der Realität wenig entsprechendes Modell. Es setzt voraus, dass die Jungtiere in einem von den Adulten unterschiedlichem Habitat leben und somit keine Dichteregulation auftritt. Der in Abbildung E.7 (Seite 24) dargestellte Beginn der Dichteregulation findet in diesem Modell nicht statt.

$$R = \frac{1}{A' + B'/P} \qquad (33)$$

3.3.3 Analytische / dynamische Ertragsmodelle (yield per recruit models)

3.3.3.1 Thompson-Bell-Modell

Tabelle C.9: Beispielrechnung mit M = 0,35 und F = 0,3.

Jahr t_C	Gewicht G [kg]	Anzahl N	Gestorben $D=N_{(i-1)}-N_i$	Gefangen $C=F*D_i/(M+F)$	Ertrag $E=G_i*C_i$ [kg]
		1000			
3	0,1212	522,0	478,0	220,6	26,7
4	0,1941	272,5	249,5	115,2	22,4
5	0,2929	142,3	130,3	60,1	17,6
6	0,3918	74,3	68,0	31,4	12,3
7	0,466	38,8	35,5	16,4	7,6
8	0,536	20,2	18,5	8,6	4,6
9	0,5918	10,6	9,7	4,5	2,6
				Σ	93,9

Dieses Modell ist unabhängig von der Rekrutenzahl, worin das Problem liegt. Was passiert mit nicht erfassten Rekruten, z.B. nach Dezimierung der Jungtiere?

Tabelle C.10: Ermittelter Ertrag bei unterschiedlicher Fischereisterblichkeit F und erstem Fangalter tC.

M	F	t_C	Ertrag [kg]
0,35	0,1	4	57,3
0,35	0,3	4	109,9
0,35	0,5	4	130,7
0,35	0,1	3	51,4
0,35	0,3	3	93,9
0,35	0,5	3	106,1
0,35	0,7	3	109,5

Des weiteren zeigt sich, dass die Fischlänge und somit das Fangalter positiv mit dem Ertrag korreliert sind. Vergleichbares gilt für die Fischereisterblichkeit.

3.3.3.2 Graham-Schaefer-Modell (Anfang 1920er)

$$\frac{dB}{dt} = \frac{r_m B(B_\infty - B)}{B_\infty} \tag{34}$$

$$r_m = 0,025W^{-0,26} \tag{35}$$

Die Wachstumsrate r_m (empirisch nach Blueweiss 1978) beinhaltet R, k, L_∞ und M. Trägt man die Biomasse B gegen die Zeit t auf, so ergibt sich ein sigmoider Kurvenverlauf. Die Wachstumsrate ist bei $0,5 B_\infty$ am größten. Wenn der Bestand dort gehalten wird, wächst pro t maximal viel Biomasse nach.

3.3.3.3 Fox-Modell (1972)

Wird die Anzahl gefangener Fische C gegen den Fischereiaufwand f (s.o.) aufgetragen, so ergibt sich eine Normalverteilung, aus der man graphisch MSY und f_{MSY} ablesbar sind. Diese Werte geben den maximal erreichbaren Ertrag bzw. den notwendigen fischereilichen Aufwand an. Besser ist die rechnerische Ermittlung, indem der Einheitsfang (C/f) bzw. bei schiefen Verteilungen ln(C/f) gegen f regressiert wird. Danach erhält man folgende Ergebnisse.

$$MSY = \frac{a^2}{-4b} \qquad (36) \qquad\qquad f_{MSY} = -\frac{a}{2b} \qquad (37)$$

$$MSY = \frac{e^{(a-1)}}{b} \qquad (38) \qquad \text{wenn C/f gegen f zu schief} \qquad f_{MSY} = \frac{1}{b} \qquad (39)$$

Tabelle C.11: Ermittelter Einheitsfang
(siehe Abbildung E.8, Seite 24).

Jahr	C	f	C/f
1969	50	623	0,080
1970	49	628	0,078
1971	47,5	520	0,091
1972	45	513	0,088
1973	51	661	0,077
1974	56	919	0,061
1975	66	1158	0,057
1976	58	1970	0,029
1977	52	1317	0,039
r^2	0,928		
a	0,106		
b	$4,3*10^{-5}$		

MSY : 66,0

f_{MSY} : 1241,2

Bei wenigen Schiffen (f klein) ist der Ertrag/Schiff hoch. Bei vielen Schiffen (f hoch) ist der Ertrag/Schiff klein.

3.3.3.4 Empirisch nach Ricker (1975)

$$MSY = \frac{r_m B_\infty}{4} \qquad (40)$$

4   Selektivität

Die Selektivität von Netzen unterschiedlichen Typs soll hier erläutert werden. Letztlich sollen die optimalen Maschenweiten für einen erfolgreichen Fang ermittelt werden. Um die notwendigen Parameter bestimmen zu können, müssen immer zwei Netze mit unterschiedlichen Maschenweiten verwendet werden. Beide Netze werden hintereinander geschaltet, wobei das Netz geringerer Maschenweite zuletzt kommt. Dadurch werden Fische, die dem ersten Netz (das sogenannte Experimentiernetz) entkommen sind, auf jeden Fall vom zweiten erfasst.

4.1   Schleppnetz

Trägt man die Fangwahrscheinlichkeit P gegen die Fischlänge auf, so ergibt sich Abbildung E.9 (Seite 25) aus Daten der

Tabelle C.12. L_C beschreibt die Mindestfanglänge (50% der Fische verbleiben im Netz) und L' die kleinste Länge, die zu 100% im Netz verbleibt. Der L_C-Wert ergibt sich auch aus dem Produkt der Maschenweite und des Selektionsfaktors *S.F.* (aus Literatur). Der *S.F.* ist bei schmalen Fischen größer.

4.2 Treib- oder Kiemennetz und Langleinen

Netze, die mehrere km lang sein können. Fische schwimmen hinein und bleiben mit den Kiemendeckeln und oft Körperanhängen (i.d.R. nicht erwünschte Wirbeltiere) hängen. Gleiche Auftragung wie zuvor, ergibt sich keine sigmoide Kurve, sondern eine zu größeren Längen leicht schiefe Normalverteilung wegen der Körperanhänge. Tabelle 17 zeigt ein Beispiel. L_A und L_B sind die optimalen Fanglängen, A und B geben die Maschenweite an. a und b stammen aus linearer Regression nach Gl. 41. P_A und P_B sind die Fangwahrscheinlichkeiten für das jeweilige Netz.

$$\underbrace{\ln \frac{B}{A}}_{y} = a + \underbrace{bL}_{bx} \tag{41}$$

$$L_A = \frac{-2aA}{b(A+B)} \tag{42}$$

$$L_B = \frac{-2aB}{b(A+B)} \tag{43}$$

$$s = \sqrt{\frac{2a(A-B)}{b^2(A+B)}} \tag{44}$$

$$P_B = e^{-\frac{(L-L_A)^2}{2s^2}} \tag{45}$$

$$P_B = e^{-\frac{(L-L_B)^2}{2s^2}} \tag{46}$$

Tabelle C.12: Anzahl gefangener Fische in zwei Netzen bei mittlerer Fanglänge.

Gruppe [cm]	Netz A [8,1mm]	Netz B [9,1mm]	ln B/A	P_A	P_B
18,5	7	0		0,158	0,001
19,5	90	1	-4,500	0,489	0,008
20,5	199	9	-3,096	0,896	0,061
21,5	182	53	-1,234	0,968	0,261
22,5	119	290	0,891	0,617	0,659
23,5	29	357	2,510	0,232	0,983
24,5	17	225	2,583	0,052	0,865
25,5	3	82	3,308	0,007	0,449
26,5	0	19		0,001	0,138
27,5	0	10		0,000	0,025

r^2 : 0,946   a : 30,892

b : 1,376 L_A : 21,15cm

L_B : 23,76cm   s : 1,38cm

Abbildung E.10 (Seite 25) stellt das Ergebnis graphisch dar. Wie man sieht, sind die Kurven zu größeren Längen flacher ausgebildet. Bei zu schiefen Kurven werden oben stehende Gleichungen logarithmiert.

D Literatur

- Sachs L. (1997) Angewandte Statistik, 8. Auflg., Springer Berlin Heidelberg. 130-134, 139f, 158ff

E   Anhang

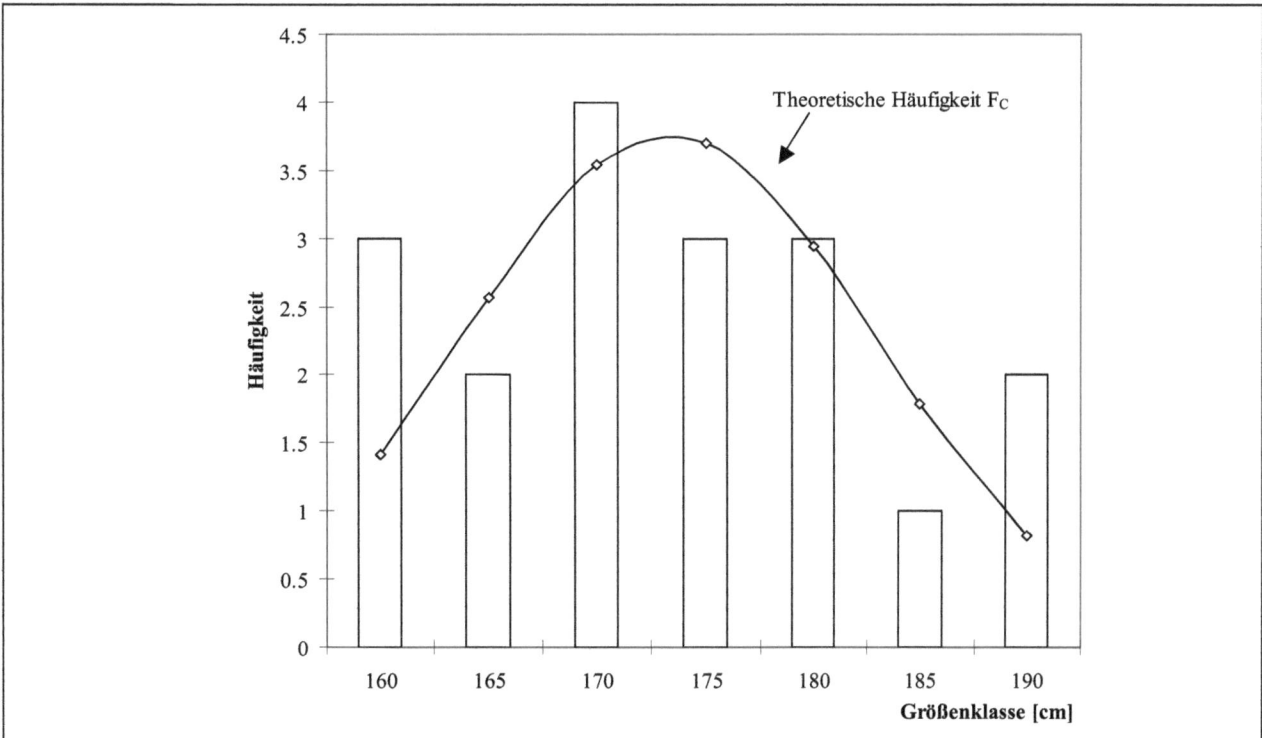

Abbildung E.1: Beobachtete Häufigkeiten in den Größenklassen (untere Grenze; DL = 5cm) und die berechnete Normalverteilung (Theoretische Häufigkeit FC).

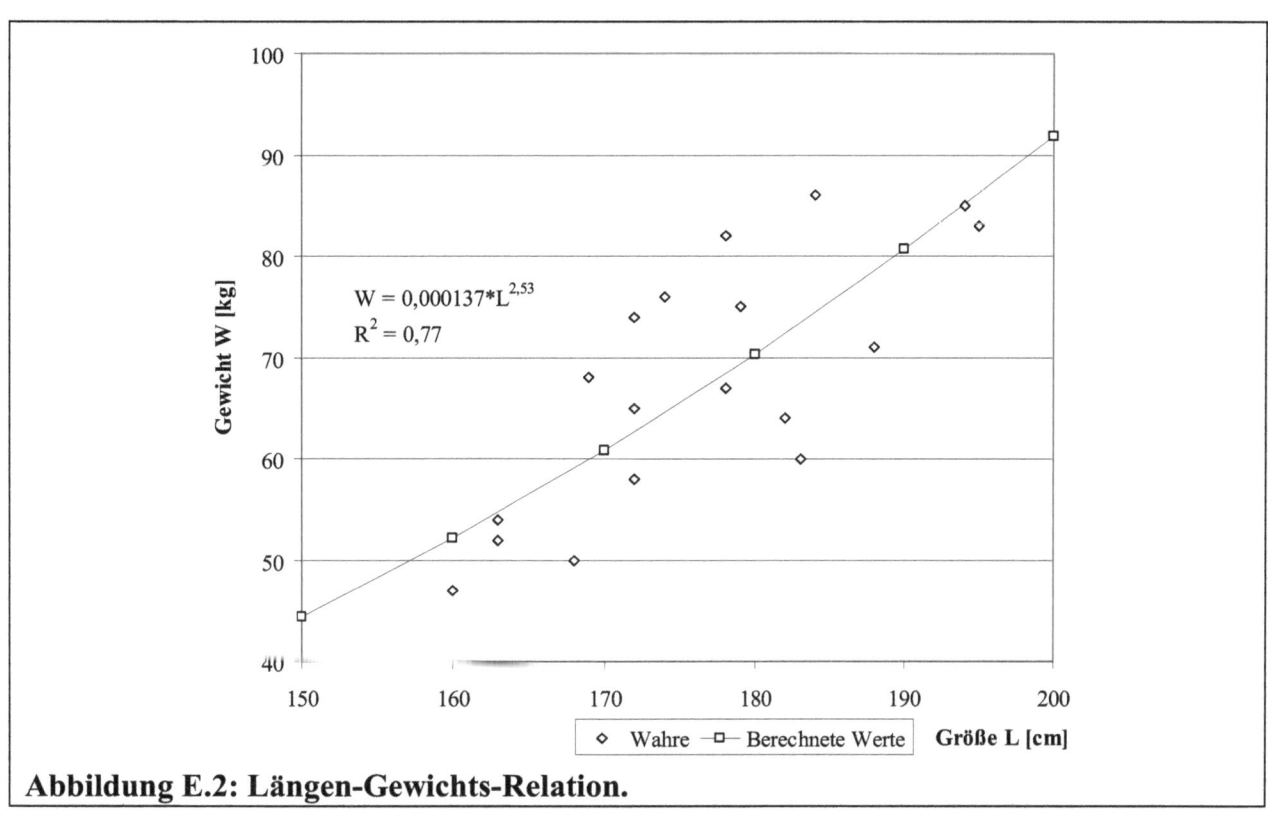

Abbildung E.2: Längen-Gewichts-Relation.

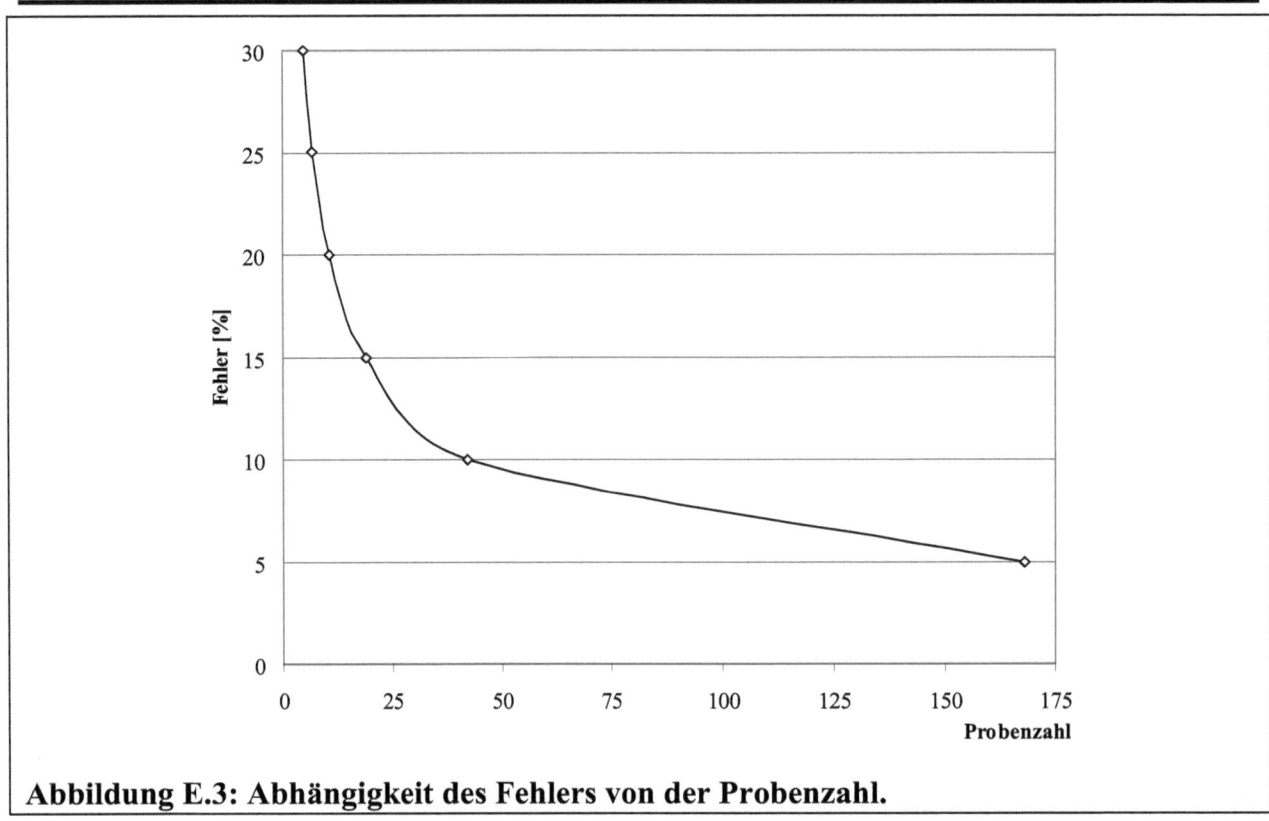

Abbildung E.3: Abhängigkeit des Fehlers von der Probenzahl.

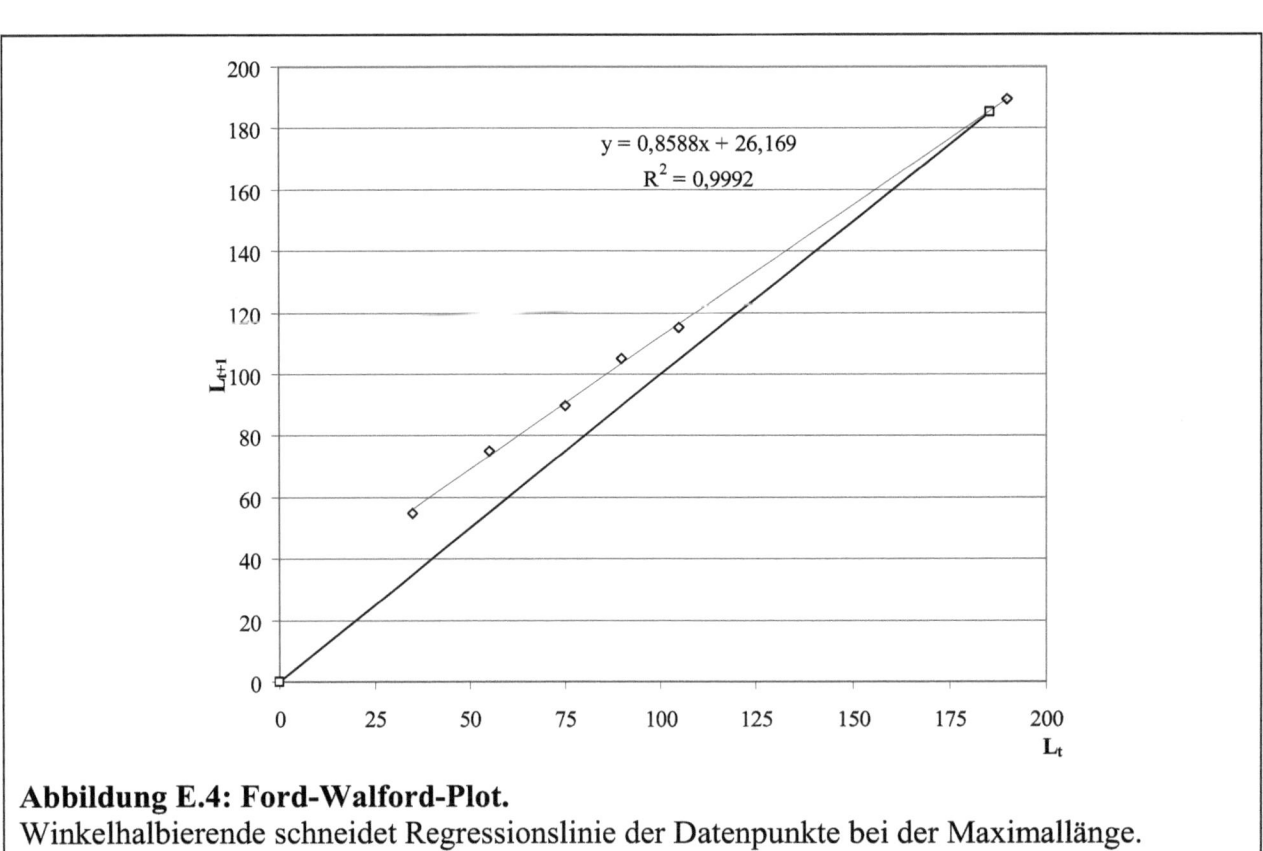

Abbildung E.4: Ford-Walford-Plot.
Winkelhalbierende schneidet Regressionslinie der Datenpunkte bei der Maximallänge.

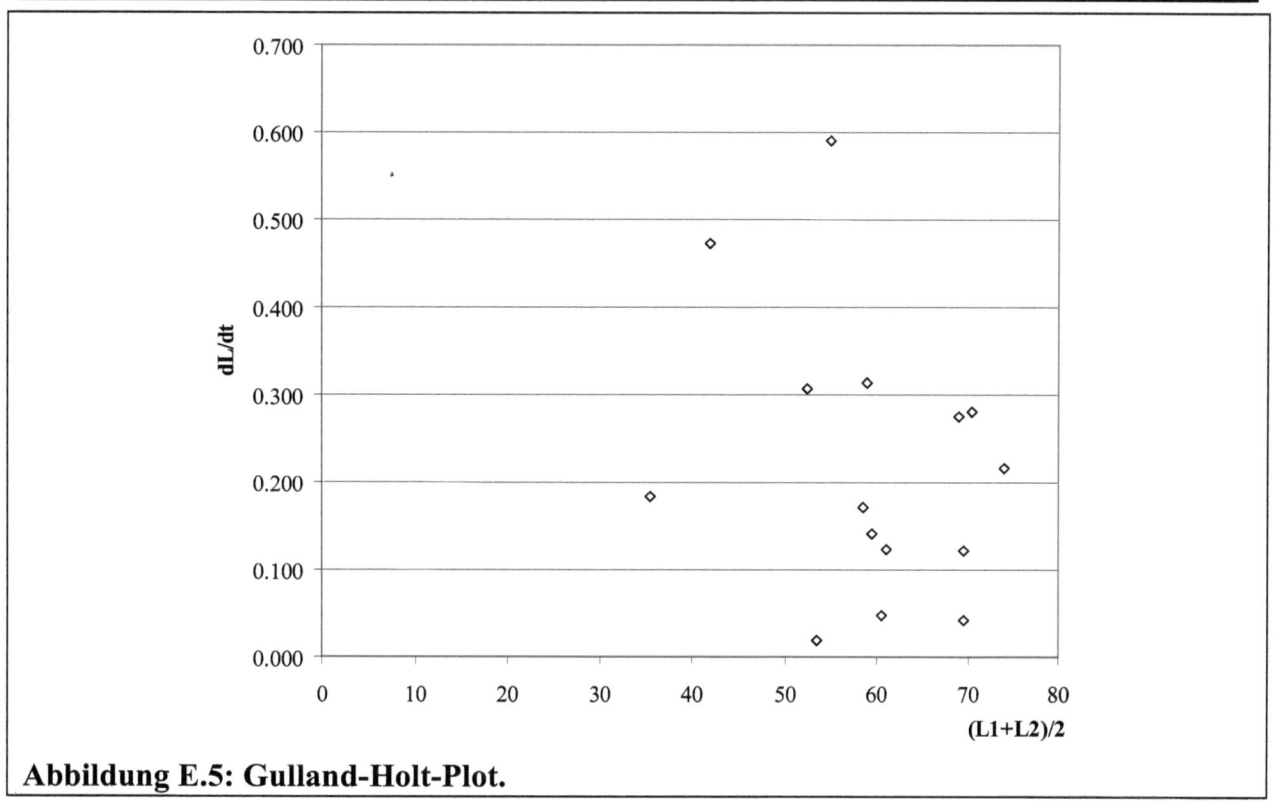

Abbildung E.5: Gulland-Holt-Plot.

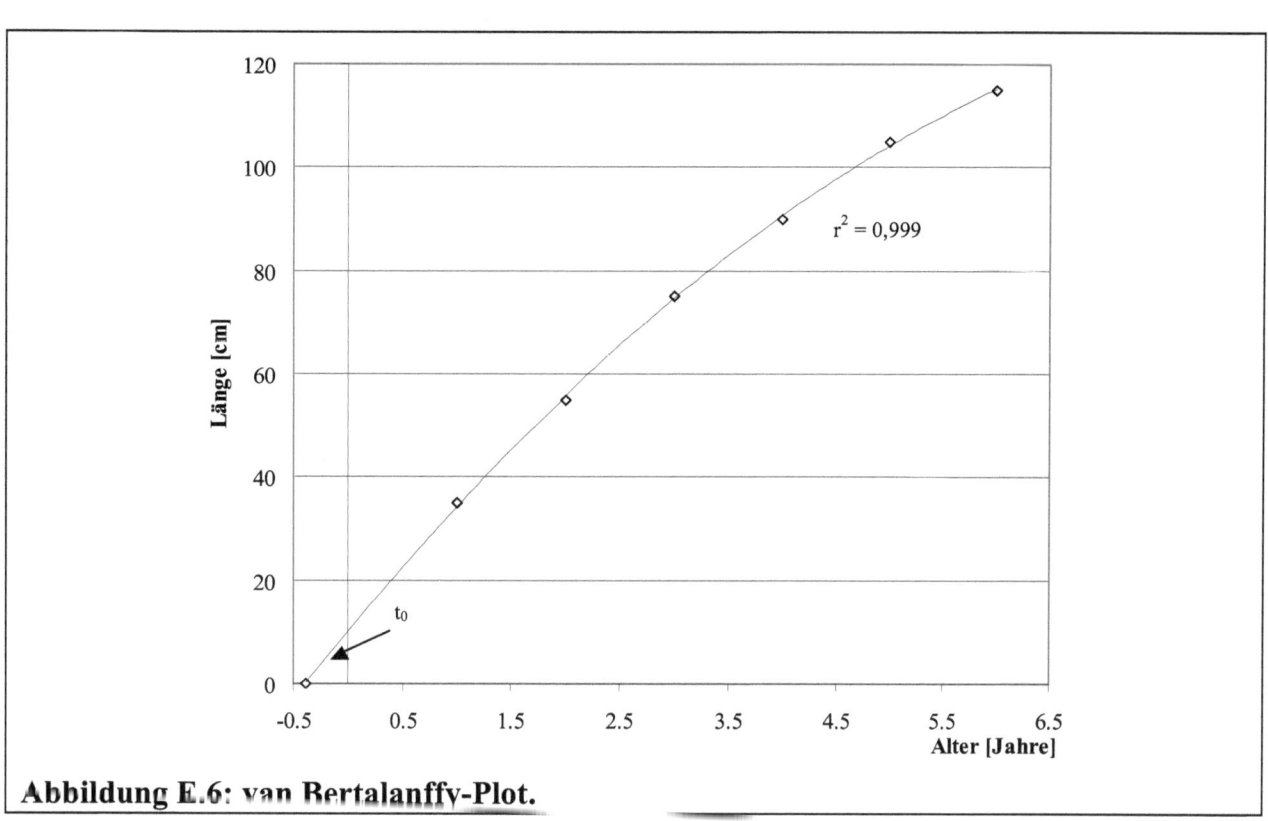

Abbildung E.6: van Bertalanffy-Plot.

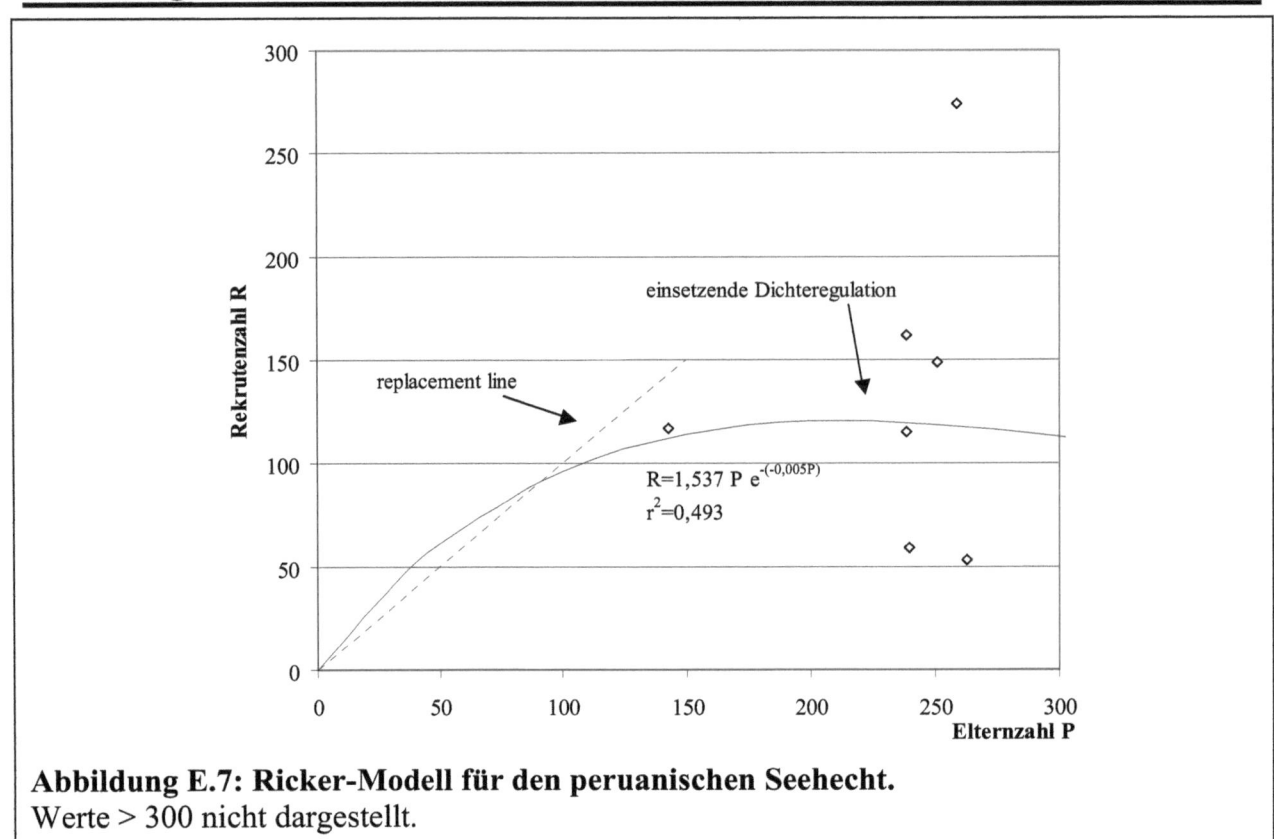

Abbildung E.7: Ricker-Modell für den peruanischen Seehecht.
Werte > 300 nicht dargestellt.

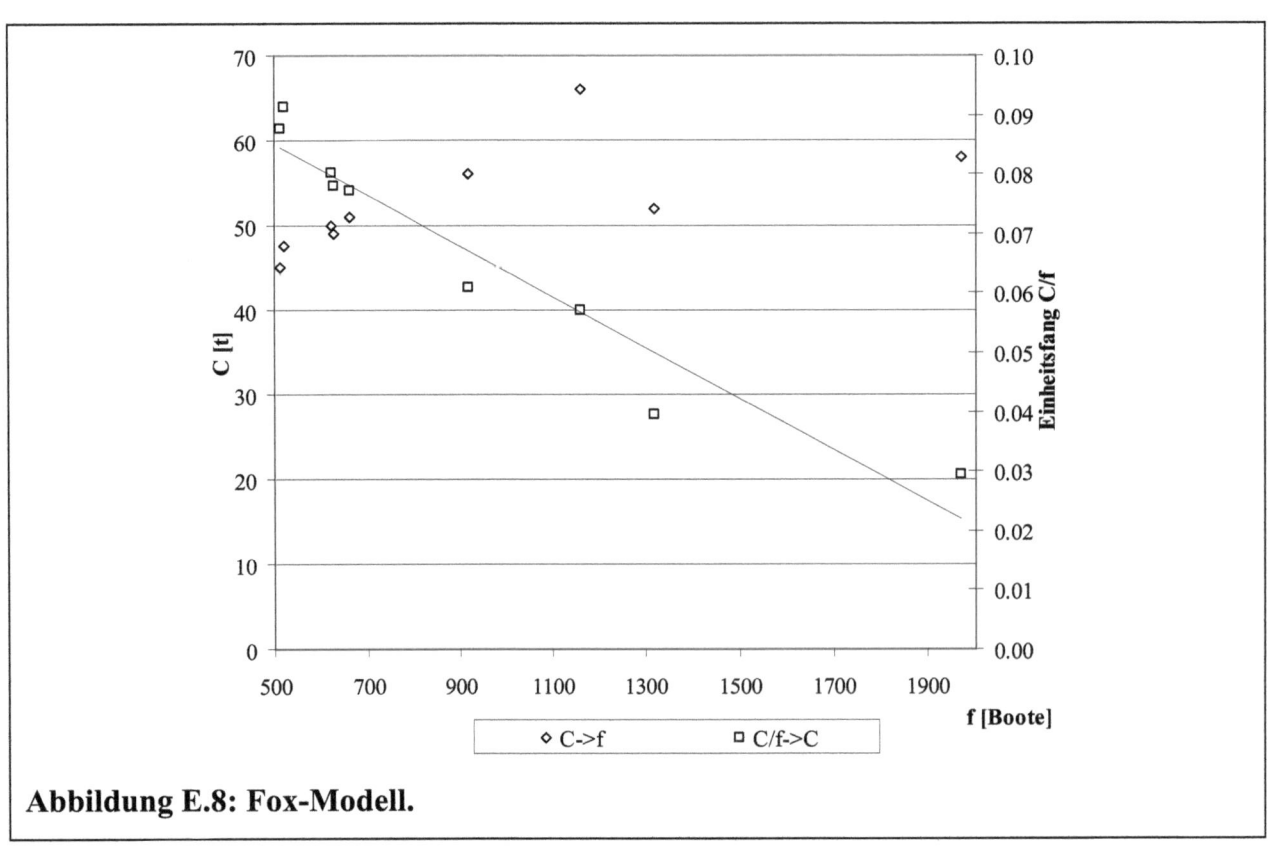

Abbildung E.8: Fox-Modell.

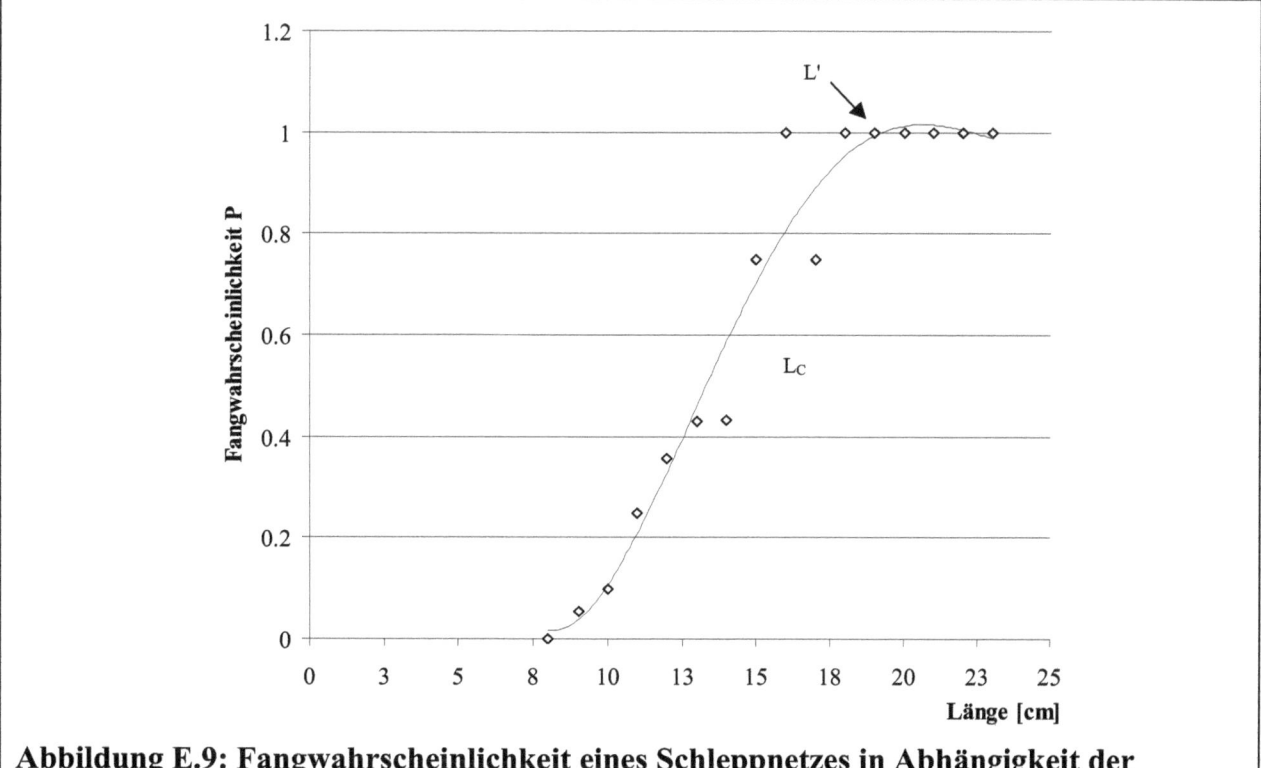

Abbildung E.9: Fangwahrscheinlichkeit eines Schleppnetzes in Abhängigkeit der Fischlänge.

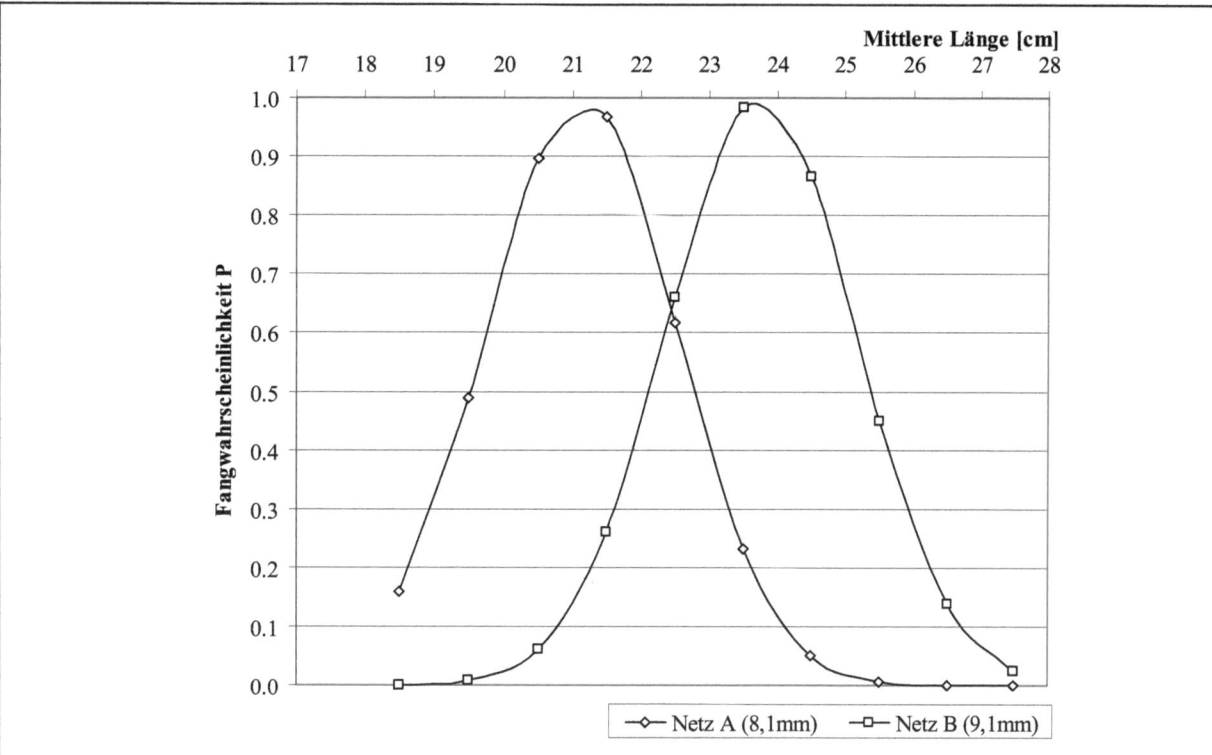

Abbildung E.10: Vergleich der Fangwahrscheinlichkeit zweier Kiemennetze in Abhängigkeit der Fischlänge.